まとめ

仕事　物体が力 F[N]を受けながら距離 x[m]を移動するときの，力と力の向きに移動した距離との積。

$$W=Fx\cos\theta$$　単位は**ジュール**（記号 J）

$0°\leqq\theta<90°$ … $W>0$
$\theta=90°$ … $W=0$
$90°<\theta\leqq180°$ … $W<0$

仕事率　力が単位時間あたりにする仕事。

$$P=\frac{W}{t}$$　単位は**ワット**（記号 W）（1 W＝1 J/s）

物体が力 F[N]を受けながら，力の向きに速さ v[m/s]の等速直線運動をするとき，力 F がする仕事の仕事率は，

$$P=Fv$$

1 **仕事**　次の図のように，一定の力で物体を移動させたとき，物体にした仕事は何 J か。ただし，$\sqrt{3}=1.73$ として計算せよ。

例題

解　「$W=Fx\cos\theta$」から，

$W=10\times4.0\times\cos30°$

　$=10\times4.0\times\dfrac{\sqrt{3}}{2}$

　$=10\times4.0\times\dfrac{1.73}{2}=34.6\,\mathrm{J}$　　**35 J**

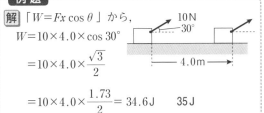

(1)　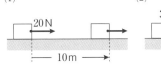

(2)　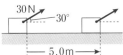

(3)　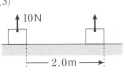

(4)　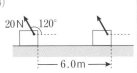

(5)　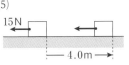

(6)　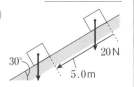

2 **仕事と仕事率**　次の各問に答えよ。

(1)　80 J の仕事を 4.0 s でしたときの仕事率は何 W か。

(2)　2.5×10^{3} J の仕事を 50 s でしたときの仕事率は何 W か。

JN109129

(3)　1.8 kW の仕事率で 3 時間仕事をした。この仕事は何 J か。

(4)　自動車が，運動の向きに 2.0×10^{2} N の力を受けながら，20 m/s の等速直線運動をするとき，この力がする仕事率は何 W か。

(5)　自動車が 15 m/s の等速直線運動をしている。この自動車にはたらく力がする仕事率が 4.5×10^{3} W のとき，はたらく力の大きさは何 N か。

まとめ

運動エネルギー

運動する物体がもつエネルギー。

$$K = \frac{1}{2}mv^2$$

$m[\text{kg}]$　$v[\text{m/s}]$

仕事と運動エネルギー　物体の運動エネルギーの変化は，その間に物体がされた仕事に等しい。

$$\frac{1}{2}mv^2 - \frac{1}{2}mv_0^2 = W$$

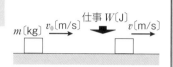

---

1 運動エネルギー　次の物体の運動エネルギーは何 J か。

例題

解「$K = \frac{1}{2}mv^2$」に，

10kg　4.0m/s

$m = 10\text{kg}$，

$v = 4.0\text{m/s}$ を代入して，

$$K = \frac{1}{2} \times 10 \times 4.0^2 = 80 \text{ J}$$

(1) 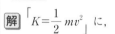 $5.0 \times 10^{-2}\text{kg}$

10m/s

(2) 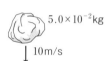 70kg　8.0m/s

(3) 0.14kg

 144km/h

(4) $1.2 \times 10^3\text{kg}$

 36km/h

---

2 仕事と運動エネルギー　次の各問に答えよ。

例題

運動エネルギーが 50 J の物体に，外部から 20 J の仕事をしたとき，その運動エネルギーは何 J か。

解 運動エネルギーの変化は，その間にされた仕事に等しい。変化後の運動エネルギーを $K[\text{J}]$ とすると，

$$K - 50 = 20 \qquad K = 70 \text{ J}$$

(1)　運動エネルギーが 30 J の物体に，外部から 10 J の仕事をしたとき，その運動エネルギーは何 J か。

(2)　静止している物体に，外部から 25 J の仕事をしたとき，その運動エネルギーは何 J か。

(3)　運動エネルギーが 98 J の物体に，外部から −30 J の仕事をしたとき，その運動エネルギーは何 J か。

(4)　運動エネルギーが 15 J の物体に，外部から仕事をすると，35 J に変化した。外部からされた仕事は何 J か。

3 **仕事と運動エネルギー**　なめらかな水平面上で運動する物体について，次の各問に答えよ。

例題

速さ5.0m/sで進む質量2.0kgの物体に，24Jの仕事をすると，その速さは何m/sになるか。

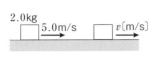

2.0kg　5.0m/s　v[m/s]

解　「$\dfrac{1}{2}mv^2 - \dfrac{1}{2}mv_0^2 = W$」から，$m = 2.0$kg，

$v_0 = 5.0$m/s，$W = 24$J であり，

$$\dfrac{1}{2} \times 2.0 \times v^2 - \dfrac{1}{2} \times 2.0 \times 5.0^2 = 24$$

$$v^2 = 49 (= 7.0^2) \qquad v = 7.0 \text{m/s}$$

(1)　速さ10m/sで進む質量2.0kgの物体に，44Jの仕事をすると，その速さは何m/sになるか。

(2)　速さ8.0m/sで進む質量2.0kgの物体に，−39Jの仕事をすると，その速さは何m/sになるか。

(3)　ある速さで進む質量1.0kgの物体に，72Jの仕事をすると，その速さが20m/sになった。仕事をされる前の物体の速さは何m/sか。

(4)　速さ4.0m/sで進む質量2.0kgの物体に仕事をすると，その速さが6.0m/sになった。物体がされた仕事は何Jか。

(5)　速さ5.0m/sで進む質量2.0kgの物体に仕事をすると，物体は静止した。物体がされた仕事は何Jか。

(6)　静止している質量2.0kgの物体に，4.0Nの力を加え，力の向きに9.0m移動させた。物体の速さは何m/sになるか。

(7)　速さ8.0m/sで進む質量1.0kgの物体に，運動の向きと逆向きに2.0Nの力を加え続けると，物体の運動の向きは変わらず，その速さが2.0m/sになった。この間の物体の移動距離は何mか。

まとめ

重力による位置エネルギー 高い位置にある物体がもつエネルギー $U=mgh$

（h は基準となる水平面（基準面）からの高さ）

$U=mgh$〔J〕 m〔kg〕

基準面 ……… h〔m〕

> 重力が基準面まで移動するときにする仕事として求められる。

弾性力による位置エネルギー 変形したばねにつけられた物体がもつエネルギー

$$U=\frac{1}{2}kx^2 \quad \left(\begin{array}{l}x\text{はばねの自然の長さからの}\\ \text{伸びまたは縮みである。}\end{array}\right)$$

ばね定数 k〔N/m〕 伸び x〔m〕

自然の長さ $U=\frac{1}{2}kx^2$〔J〕

O

※以下の問では，重力加速度の大きさを $9.8\,\text{m/s}^2$ とする。

1 **重力による位置エネルギー** 基準面を次のように定めたとき，以下の物体の重力による位置エネルギーは何 J か。

例題

基準面の高さから $1.5\,\text{m}$ 高い位置の質量 $2.0\,\text{kg}$ の物体 A と，$2.0\,\text{m}$ 低い位置の質量 $2.0\,\text{kg}$ の物体 B

A 2.0kg
1.5m
基準面 ……
2.0m
B 2.0kg

解 物体 A：$m=2.0\,\text{kg}$, $h=1.5\,\text{m}$ から，

$U_A=2.0\times9.8\times1.5=29.4\,\text{J}$ 　　　 **29 J**

物体 B：$m=2.0\,\text{kg}$, $h=-2.0\,\text{m}$ から，

$U_B=2.0\times9.8\times(-2.0)=-39.2\,\text{J}$ 　 **−39 J**

(1)

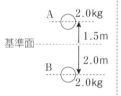

1.0kg
台 A
1.5m
1.0kg
床 B

基準面	物体 A	物体 B
床	J	J
台の上	J	J

(2)

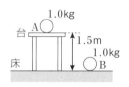

A 1.0m 振り子
2.0kg 30° の支点
B
C

基準面	点 A の物体	点 B の物体	点 C の物体
点 A	J	J	J
点 C	J	J	J

2 **弾性力による位置エネルギー** 次の物体がもつ弾性力による位置エネルギーは何 J か。

例題

自然の長さ $0.50\,\text{m}$，ばね定数 $20\,\text{N/m}$ のばねの長さを $0.70\,\text{m}$ にしたとき

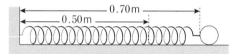

0.70m
0.50m

解 ばねの伸び x〔m〕は，$x=0.70-0.50=0.20\,\text{m}$

$$U=\frac{1}{2}kx^2=\frac{1}{2}\times20\times0.20^2=0.40\,\text{J}$$

(1) 自然の長さ $0.40\,\text{m}$，ばね定数 $80\,\text{N/m}$ のばねの長さを $0.70\,\text{m}$ にしたとき

(2) ばね定数 $10\,\text{N/m}$ のばねを $0.10\,\text{m}$ 伸ばしたとき

(3) ばね定数 $80\,\text{N/m}$ のばねを $0.050\,\text{m}$ 縮めたとき

(4) 自然の長さ $0.50\,\text{m}$，ばね定数 $60\,\text{N/m}$ のばねの長さを $0.30\,\text{m}$ にしたとき

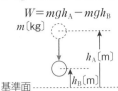
重力のする仕事 はじめの高さ h_A と，終わりの高さ h_B の2点から求められる。

$$W = mgh_A - mgh_B$$

m〔kg〕

h_A〔m〕

h_B〔m〕

基準面

経路によらず，はじめと終わりの2点のみから仕事が求められる力を**保存力**という。

弾性力のする仕事 はじめのばねの伸び（縮み）x_A，終わりのばねの伸び（縮み）x_B の2点から求められる。

$$W = \frac{1}{2}kx_A^2 - \frac{1}{2}kx_B^2$$

自然の長さ

x_B〔m〕

x_A〔m〕

3 重力のする仕事 次の物体の運動において，重力が物体にした仕事は何Jか。

例題

質量1.0kgの物体が斜面を高さ2.0mの点Aから，高さ0.50mの点Bまですべり降りた。

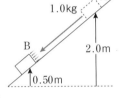

A

1.0kg

B

2.0m

0.50m

解 「$W = mgh_A - mgh_B$」に，$m = 1.0$kg，$h_A = 2.0$m，$h_B = 0.50$m を代入して，

$W = 1.0 \times 9.8 \times 2.0 - 1.0 \times 9.8 \times 0.50$

　　$= 14.7$J　　15J

(1) 質量2.0kgの物体を基準面から落下させ，3.0m下の床に衝突した。

基準面

2.0kg

3.0m

床

(2) 質量3.0kgの物体を斜面上の高さ1.0mの位置からすべり上がらせ，高さ2.0mの位置を通過した。

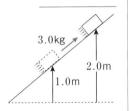

3.0kg

2.0m

1.0m

(3) 質量2.0kgの物体を鉛直に投げ上げると，基準面からの高さ5.0mの位置を通過した。

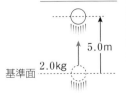

5.0m

2.0kg

基準面

4 弾性力のする仕事 次のばねにつけられた物体に対して，弾性力がする仕事は何Jか。

(1) 自然の長さ0.50m，ばね定数60N/mのばねの長さを，自然の長さから0.60mにしたとき

(2) 自然の長さ0.50m，ばね定数60N/mのばねの長さを，0.60mから0.70mにしたとき

(3) 自然の長さ0.40m，ばね定数80N/mのばねの長さを，0.50mから0.40mにしたとき

(4) 自然の長さ0.40m，ばね定数80N/mのばねの長さを，0.40mから0.30mにしたとき

(5) 自然の長さ0.40m，ばね定数80N/mのばねの長さを，0.30mから0.50mにしたとき

まとめ

力学的エネルギー保存の法則

　物体が保存力だけから仕事をされるとき，力学的エネルギーは一定に保たれる。

$E=K+U=$一定

（力学的エネルギー〔J〕
＝運動エネルギー〔J〕＋位置エネルギー〔J〕＝一定）

重力のみが仕事をする運動

$$\frac{1}{2}mv_A{}^2+mgh_A$$

$$=\frac{1}{2}mv_B{}^2+mgh_B$$

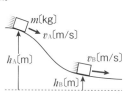

※以下の問では，重力加速度の大きさを $9.8\,\text{m/s}^2$ とし，空気抵抗を無視する。

1 落下運動　次の落下運動をする物体について，以下の各問に答えよ。

例題

高さ $19.6\,\text{m}$ の建物の屋上から，質量 $1.0\,\text{kg}$ の小球を自由落下させた。地面に落下する直前の速さは何 m/s か。

解　地面を基準面とする。地面に落下する直前の速さを v〔m/s〕とすると，力学的エネルギー保存の法則から，

$$\frac{1}{2}\times1.0\times0^2+1.0\times9.8\times19.6=\frac{1}{2}\times1.0\times v^2+1.0\times9.8\times0$$

$$v^2=19.6^2 \qquad v=19.6\,\text{m/s} \qquad 20\,\text{m/s}$$

(1) 高さ $15\,\text{m}$ のビルの屋上から，質量 $2.0\,\text{kg}$ の小球を自由落下させた。

　(a) 基準面を地面とする。表に書かれている高さにおける重力による位置エネルギー U と運動エネルギー K はそれぞれ何 J か。

高さ	U	K
15m	J	J
10m	J	J
5.0m	J	J
0m	J	J

　(b) 地面からの高さが $5.0\,\text{m}$ のときの小球の速さは何 m/s か。

(2) 高さ $30\,\text{m}$ のビルの屋上から，質量 $1.0\,\text{kg}$ の小球を鉛直下向きに $4.9\,\text{m/s}$ で投げおろした。

　(a) 小球が地面から $20.2\,\text{m}$ の高さのとき，速さは何 m/s か。

　(b) 小球の速さが $20\,\text{m/s}$ になるときの，地面からの高さは何 m か。

(3) 地面から，質量 $0.50\,\text{kg}$ の小球を，鉛直上向きに速さ $14.7\,\text{m/s}$ で投げ上げた。

　(a) 小球が地面から $9.8\,\text{m}$ の高さにあるとき，速さは何 m/s か。

　(b) 小球の速さが 0 となるときの高さは何 m か。

　(c) 小球の速さが鉛直下向きに $7.5\,\text{m/s}$ となるとき，地面からの高さは何 m か。

2 **曲面上の運動** なめらかな曲面上を運動する物体について，以下の各問に答えよ。

> **例題**
>
> 水平と $45°$ をなすなめらかな斜面上で，質量 1.0kg の物体に斜面上方に 7.0m/s の初速度を与えた。最高点に達したとき，すべり始めた点からの高さは何 m か。
>
>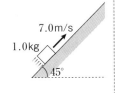
> 7.0m/s
> 1.0kg
> 45°
>
> **解** 基準点を初速度を与えた地点とする。最高点の高さを h[m] とすると，力学的エネルギー保存の法則から，
>
> $$\frac{1}{2}×1.0×7.0^2+1.0×9.8×0$$
> $$=\frac{1}{2}×1.0×0^2+1.0×9.8×h$$
> $$h=2.5\text{m}$$

(1) 図のような，なめらかな曲面があり，点 A から質量 2.0kg の小球を静かにはなした。基準面を最下点 D とする。各点における重力による位置エネルギー U と運動エネルギー K はそれぞれ何 J か。

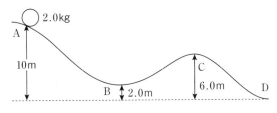
2.0kg
A
10m
B 2.0m
C
6.0m
D

地点	U	K
A	J	J
B	J	J
C	J	J
D	J	J

(2) 小球が点 D を通過するときの速さは何 m/s か。

(3) 小球の速さが 4.0m/s のときの高さは何 m か。

3 **振り子の運動** 長さ 0.80m の軽い糸に質量 1.0kg のおもりを付け，振り子として運動をさせるとき，以下の各問に答えよ。ただし，$\sqrt{2}=1.41$ として計算せよ。

> **例題**
>
> 糸が鉛直方向から $60°$ の角をなすようにおもりをもち上げ，静かにはなした。最下点を通過するときのおもりの速さは何 m/s か。
>
>
> 支点
> 60°
>
> **解** 最下点を基準面，最下点を通過するときのおもりの速さを v[m/s] とすると，
>
> $$\frac{1}{2}×1.0×0^2+1.0×9.8×0.80×(1-\cos60°)$$
> $$=\frac{1}{2}×1.0×v^2+1.0×9.8×0$$
> $$v^2=1.6×4.9=4^2×7^2×10^{-2}$$
> $$v=4×7×10^{-1}=2.8\text{m/s}$$

(1) 糸が鉛直方向に対して垂直になるようにおもりをもち上げ，静かにはなした。基準面を最下点とする。各点における重力による位置エネルギー U と運動エネルギー K はそれぞれ何 J か。

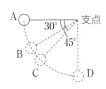
A
30°
支点
45°
B
C
D

地点	U	K
A	J	J
B	J	J
C	J	J
D	J	J

(2) おもりが点 B を通過するときの速さは何 m/s か。

(3) おもりの速さが 2.0m/s のときの高さは何 m か。

弾性力のみが仕事をする運動

力学的エネルギーは一定に保たれる。

$$\frac{1}{2}mv_A{}^2+\frac{1}{2}kx_A{}^2=\frac{1}{2}mv_B{}^2+\frac{1}{2}kx_B{}^2$$

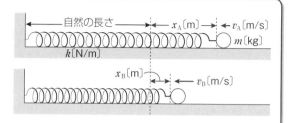

※以下の各問では，面はすべてなめらかであるとする。

1 ばねにつながれた物体 次の各問に答えよ。

例題

水平面上に置かれた，ばね定数 32N/m の ばねの一端を壁に固定し，他端に 2.0kg の物体をつける。ばねを 0.10m 伸ばして，物体をはなした。ばねが自然の長さになるときの物体の速さは何 m/s か。

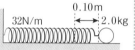

解 ばねが自然の長さになるときの速さを v[m/s] とすると，力学的エネルギー保存の法則から，

$$\frac{1}{2}\times2.0\times0^2+\frac{1}{2}\times32\times0.10^2=\frac{1}{2}\times2.0\times v^2+\frac{1}{2}\times32\times0^2$$

$$v^2=0.16(=0.40^2) \qquad v=0.40\,\text{m/s}$$

(1) 水平面上に置かれた，ばね定数 20N/m のばねの一端を壁に固定し，他端に 5.0×10^{-2}kg の物体をつける。ばねを 0.20m 縮めて，物体をはなした。

(a) ばねの縮みが表に示された値であるとき，物体の弾性力による位置エネルギー U と運動エネルギー K はそれぞれ何 J か。

縮み	U	K
0.20m	J	J
0.10m	J	J
0m	J	J

(b) ばねが自然の長さになったときの物体の速さは何 m/s か。

(2) 水平面上に置かれた，ばね定数 10N/m のばねの一端を壁に固定し，他端に 10kg の物体をつける。ばねを 0.10m 縮めて，物体をはなした。

(a) ばねの縮みが表に示された値であるとき，物体の弾性力による位置エネルギー U と運動エネルギー K はそれぞれ何 J か。

縮み	U	K
0.10m	J	J
0.050m	J	J
0m	J	J

(b) ばねが自然の長さになったときの物体の速さは何 m/s か。

(3) 水平面上に置かれた，ばね定数 4.0×10^2N/m のばねの一端を壁に固定する。他端に 4.0kg の物体が速さ 2.0m/s で衝突し，ばねを押し縮めた。

(a) 物体の速さが表に示された値であるとき，弾性力による位置エネルギー U と運動エネルギー K はそれぞれ何 J か。

速さ	U	K
2.0m/s	J	J
1.0m/s	J	J
0m/s	J	J

(b) 物体の速さが 0 となるときのばねの縮みは何 m か。

2 ばねにつながれた物体
重力加速度の大きさを 9.8m/s² として，次の各問に答えよ。

例題

水平面上にばね定数 9.8N/m のばねの一端を壁に固定
し，他端に質量 0.10kg の物体を押しつけ，ばねを 0.30m 縮めて手をはなした。物体は，ばねが自然の長さになったときばねからはなれ，斜面をのぼった。斜面をのぼった高さは何 m か。

解 基準面を水平面とする。最高点の高さを h [m] とすると，力学的エネルギー保存の法則から，

$$\frac{1}{2} \times 0.10 \times 0^2 + 0.10 \times 9.8 \times 0 + \frac{1}{2} \times 9.8 \times 0.30^2$$

$$= \frac{1}{2} \times 0.10 \times 0^2 + 0.10 \times 9.8 \times h + \frac{1}{2} \times 9.8 \times 0^2$$

$$h = 0.45 \text{ m}$$

(1) 水平面上の壁に，ばね定数 5.0×10^3 N/m のばねが固定されている。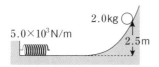

高さ 2.5m の斜面に 2.0kg の物体を置いて静かにはなした。

(a) 基準面を水平面として，表に示された状態の重力，弾性力による位置エネルギー $U_{重力}$, $U_{弾性力}$, 運動エネルギー K はそれぞれ何 J か。

状態	$U_{重力}$	$U_{弾性力}$	K
はなした直後	J	J	J
ばねに衝突する直前	J	J	J
ばねの縮みが最大	J	J	J

(b) 物体の速さが 0 となるときのばねの縮みは何 m か。

(2) 水平面上にばね定数 9.8N/m のばねの一端を壁に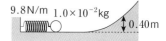
固定し，他端に質量 1.0×10^{-2} kg の物体を押しつけ，ばねを 0.10m 縮めて手をはなした。物体はばねが自然の長さになったときにばねからはなれ，斜面をのぼった。

(a) 基準面を水平面として，表に示された状態の重力，弾性力による位置エネルギー $U_{重力}$, $U_{弾性力}$, 運動エネルギー K はそれぞれ何 J か。

状態	$U_{重力}$	$U_{弾性力}$	K
はなした直後	J	J	J
ばねをはなれた直後	J	J	J
高さ 0.40m を通過するとき	J	J	J

(b) 物体が高さ 0.40m の位置を通過するときの速さは何 m/s か。

(3) ばね定数 49N/m のばねに 1.0kg のおもりをつけ，天井につり下げた。ばねを自然の長さになるようおもりを手で支え，静かにはなすと，ばねが 0.20m 伸びた位置を中心に振動をした。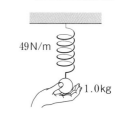

(a) 基準面を自然の長さのときのおもりの位置として，ばねの伸びが表に示された値であるとき，重力，弾性力による位置エネルギー $U_{重力}$, $U_{弾性力}$, 運動エネルギー K はそれぞれ何 J か。

ばねの伸び	$U_{重力}$	$U_{弾性力}$	K
0m	J	J	J
0.20m	J	J	J
0.40m	J	J	J

(b) ばねの伸びが 0.20m のとき，おもりの速さは何 m/s か。

学習日　月　日　学習時間　分　得点

まとめ

2 物体における力学的エネルギー保存の法則

張力は，Aに正，Bに負の仕事をする。
└─ 相殺 ─┘

（Aの力学的エネルギー）＋（Bの力学的エネルギー）
は保存される。

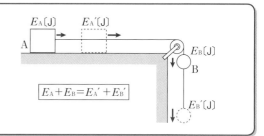

$$E_A + E_B = E_A{}' + E_B{}'$$

1 力学的エネルギー保存の法則 次の2物体の運動について，以下の各問に答えよ。

(1) 滑車を通して糸でつながれた，質量1.0kgの物体Aと，質量1.0kgの物体Bがある。静かにはなすと，物体Bは5.0m落下し，床に

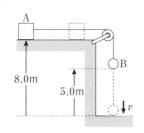

衝突した。床に衝突する直前の物体Bの速さをv[m/s]，重力加速度の大きさを9.8m/s²とする。

(a) 床の高さを重力による位置エネルギーの基準とする。物体Bの高さが表に示された値であるとき，物体A，Bの重力による位置エネルギーU，運動エネルギーKはそれぞれ何Jか。

B の高さ	物体 A		物体 B	
	U	K	U	K
5.0m	J	J	J	J
0m	J	J	J	J

(b) 床に衝突する直前の物体Bの速さは何m/sか。力学的エネルギー保存の法則を利用して求めよ。

(2) 滑車を通して糸でつながれた，質量M[kg]の物体Aと質量m[kg]の物体Bを，同じ高さで静止させた。静かにはなすと，物体Bはh[m]落下した。そのときの物体Bの速さをv[m/s]，重力加速度の大きさをg[m/s²]とする。

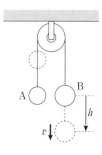

(a) はじめの状態における物体Bの高さを重力による位置エネルギーの基準とする。物体Bの高さが表に示された値であるとき，物体AとBの重力による位置エネルギーU，運動エネルギーKはそれぞれ何Jか。

B の高さ	物体 A		物体 B	
	U	K	U	K
0m	J	J	J	J
$-h$[m]	J	J	J	J

(b) h[m]落下したときの物体Bの速さは何m/sか。力学的エネルギー保存の法則を利用して求めよ。

まとめ

保存力以外の力が仕事をする場合

　物体が保存力以外の力から仕事をされると，物体の力学的エネルギーはその分だけ変化する。

$$E_2 - E_1 = W$$

E_1…変化前の力学的エネルギー
E_2…変化後の力学的エネルギー
W…保存力以外の力がした仕事
保存力以外の力…動摩擦力，空気抵抗など

❷ 保存力以外の力がした仕事　次の面上での物体の運動について，以下の各問に答えよ。

例題

粗い水平面上を速さ5.0m/sで運動する質量2.0kgの物体が，

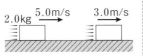

ある距離を移動する間に，速さが3.0m/sになった。動摩擦力がした仕事は何Jか。

解 力学的エネルギーの変化が，その間にした仕事になる。

$$\frac{1}{2} \times 2.0 \times 3.0^2 - \frac{1}{2} \times 2.0 \times 5.0^2 = -16\text{J}$$

(1)　速さ4.0m/sで運動する質量3.0kgの物体が，なめらかな水平

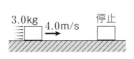

面から粗い水平面上に入り，やがて停止した。

(a)　粗い水平面上を運動する前と，運動した後の物体の力学的エネルギーは，それぞれ何Jか。位置エネルギーは考えなくてよいものとする。

	力学的エネルギー
前	J
後	J

(b)　動摩擦力がした仕事は何Jか。

(2)　なめらかな水平面上を速さ1.0m/sで運動する質量4.0kgの物体を，運動する向きに

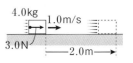

手で大きさ3.0Nの力を加え，2.0m移動させた。

(a)　物体が手からされた仕事は何Jか。

(b)　2.0m進んだときの物体の速さは何m/sか。

(3)　粗い斜面上に2.0kgの物体を床から高さ3.0mの位置に置き，斜面下向きに3.0m/sの初速度を与える。物

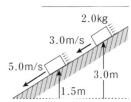

体は，高さ1.5mの斜面を速さ5.0m/sで通過した。重力加速度の大きさを9.8m/s²とする。

(a)　基準面を床とする。物体の高さが表に示された値であるとき，重力による位置エネルギー U，運動エネルギー K はそれぞれ何Jか。

高さ	U	K
3.0m	J	J
1.5m	J	J

(b)　この運動の間に，動摩擦力がした仕事は何Jか。

❻力学的エネルギー③ **11**

まとめ

セルシウス温度と絶対温度

$$T = t + 273$$ （絶対温度＝セルシウス温度＋273）

絶対温度の単位は**ケルビン**（記号 K）。

熱容量と比熱

熱容量…物体の温度を 1 K 上昇させるのに必要な熱量。単位は**ジュール毎ケルビン**（記号 J/K）。

比熱…単位質量（ 1 g）の物質の温度を 1 K 上昇させるのに必要な熱量。単位は**ジュール毎グラム毎ケルビン**（記号 J/(g·K)）。

熱容量と比熱の関係

$$C = mc$$

（熱容量〔J/K〕＝質量〔g〕×比熱〔J/(g·K)〕）

物体の温度を ΔT〔K〕上昇させるのに必要な熱量

$$Q = C\Delta T = mc\Delta T$$

（熱量〔J〕＝熱容量〔J/K〕×温度変化〔K〕）

熱容量や比熱が大きい物体ほど，温まりにくく冷めにくい。

---

1 セルシウス温度と絶対温度　次のセルシウス温度を絶対温度で，絶対温度をセルシウス温度で表せ。

例 題

100℃

解「$T = t + 273$」から，
　　$T = 100 + 273 = 373\,\mathrm{K}$

(1)　0℃

(2)　27℃

(3)　273℃

(4)　−273℃

(5)　−20℃

(6)　0 K

(7)　100 K

(8)　77 K

(9)　309 K

(10)　1535 K

2 熱容量　次の各問に答えよ。

例 題

熱容量が 80 J/K の物体の温度を 30 K 上昇させるために必要な熱量は何 J か。

解「$Q = C\Delta T$」に，$C = 80\,\mathrm{J/K}$，$\Delta T = 30\,\mathrm{K}$ を代入して，　$Q = 80 \times 30 = 2.4 \times 10^3\,\mathrm{J}$

(1)　熱容量が 60 J/K の氷の温度を −24℃から −4℃に上昇させるために必要な熱量は何 J か。

(2)　ある物体に $7.2 \times 10^3\,\mathrm{J}$ の熱量を与えたとき，20 K 温度が上昇した。この物体の熱容量は何 J/K か。

(3)　熱容量を 80 J/K のアルミニウム球に $6.4 \times 10^3\,\mathrm{J}$ の熱量を与えたとき，アルミニウム球の温度は何 K 上昇するか。

(4)　18℃の鉄球に $2.7 \times 10^3\,\mathrm{J}$ の熱量を与えたとき，鉄球の温度は何℃か。ただし，鉄球の熱容量を 90 J/K とする。

3 熱容量と比熱

表に示された比熱を用いて、次の各問に答えよ。

物質	比熱[J/(g·K)]
水	4.2
氷	1.9
アルミニウム	0.90
鉄	0.45

例題

鉄 50g の熱容量は何 J/K か。

解 「$C=mc$」に、$m=50$g, $c=0.45$J/(g·K) を代入して、

$$C=50\times0.45=22.5\text{J/K}$$

23 J/K

(1) 水 100g の熱容量は何 J/K か。

(2) 氷 220g の熱容量は何 J/K か。

(3) アルミニウム 25g の熱容量は何 J/K か。

(4) 鉄 1.0kg の熱容量は何 J/K か。

(5) 50g のアルミニウムでできた容器に、200g の水が入っている。両者をあわせた熱容量は何 J/K か。

(6) 質量 200g の銅製容器の熱容量は 78J/K であった。銅の比熱は何 J/(g·K)か。

4 熱量と温度変化

次の各問に答えよ。ただし、各物質の比熱は **3** の表を用いよ。また、熱は外部に逃げないものとする。

例題

100g の水の温度を 20℃ から 50℃ にするために必要な熱量は何 J か。

解 「$Q=mc\Delta T$」に、$m=100$g, $c=4.2$J/(g·K)、$\Delta T=50-20$K を代入して、

$$Q=100\times4.2\times(50-20)=1.26\times10^4\text{J}$$

1.3×10^4 J

(1) アルミニウム 20g の温度を 30K 上昇させるために必要な熱量は何 J か。

(2) 鉄 200g の温度を 40℃ から 100℃ に上昇させるために必要な熱量は何 J か。

(3) 氷 50g の温度を -10℃ から 0℃ の氷にするために必要な熱量は何 J か。

(4) 水 100g に 8.4×10^3J の熱量を与えたとき、水の温度上昇は何 K か。

(5) 20℃ の鉄 200g に 5.4×10^3J の熱量を与えたとき、鉄の温度は何℃か。

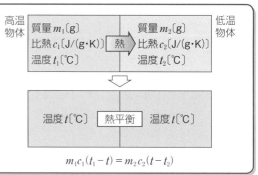

◤ **まとめ** ▶

熱量の保存

　温度の異なる2つの物体を接触させ，熱平衡の状態に達したとき，熱が外部に逃げなければ，次の関係が成り立つ。

　（高温の物体が失った熱量）

　　　　＝（低温の物体が得た熱量）

高温物体　質量m_1〔g〕　比熱c_1〔J/(g·K)〕　温度t_1〔℃〕　熱　質量m_2〔g〕　比熱c_2〔J/(g·K)〕　温度t_2〔℃〕　低温物体

温度t〔℃〕　熱平衡　温度t〔℃〕

$$m_1 c_1 (t_1 - t) = m_2 c_2 (t - t_2)$$

※以下の各問(p.14～15)では，表の比熱を用い，熱は外部に逃げないものとする。

物質	比熱〔J/(g·K)〕
水	4.2
アルミニウム	0.90
鉄	0.45
銅	0.39

1 水の混合　温度の異なる水の混合について，次の各問に答えよ。

┌─ **例題** ─┐

60℃の水200gと，15℃の水100gを混ぜあわせると，水の温度は何℃になるか。

解 求める温度をt〔℃〕とすると，

高温の水が失った熱量：$200×4.2×(60-t)$〔J〕

低温の水が得た熱量：$100×4.2×(t-15)$〔J〕

熱量の保存から，

　$200×4.2×(60-t)=100×4.2×(t-15)$

　$3t=135$　　　$t=45$℃

└──────────┘

(1)　100℃の水200gと10℃の水50gを混ぜあわせると，温度がt〔℃〕になった。

　(a)　高温の水が失った熱量をtを用いて表せ。

　(b)　低温の水が得た熱量をtを用いて表せ。

　(c)　温度t〔℃〕はいくらか。

(2)　80℃の水25gと30℃の水100gを混ぜあわせると，温度がt〔℃〕になった。

　(a)　高温の水が失った熱量をtを用いて表せ。

　(b)　低温の水が得た熱量をtを用いて表せ。

　(c)　温度t〔℃〕はいくらか。

(3)　100℃の水100gに25℃の水を混ぜあわせると，温度が75℃になった。

　(a)　高温の水が失った熱量は何Jか。

　(b)　25℃の水の質量をm〔g〕として，低温の水が得た熱量をmを用いて表せ。

　(c)　25℃の水の質量m〔g〕はいくらか。

2 熱量の保存　次の各問に答えよ。

例題

100℃の鉄20gを，20℃の水55gの中に入れると，全体の温度は何℃になるか。

解 求める温度をt[℃]とすると，
鉄が失った熱量：$20 \times 0.45 \times (100-t)$[J]
水が得た熱量：$55 \times 4.2 \times (t-20)$[J]
熱量の保存から，
$$20 \times 0.45 \times (100-t) = 55 \times 4.2 \times (t-20)$$
$$240t = 5520 \qquad t = 23℃$$

(1) 80℃のアルミニウム50gを，20℃の水150gの中に入れると，全体の温度はt[℃]になった。

  (a) アルミニウムが失った熱量をtを用いて表せ。

_____

  (b) 水が得た熱量をtを用いて表せ。

_____

  (c) 温度t[℃]はいくらか。

_____

(2) 90℃の銅100gを，15℃の水130gの中に入れると，全体の温度はt[℃]になった。

  (a) 銅が失った熱量をtを用いて表せ。

_____

  (b) 水が得た熱量をtを用いて表せ。

_____

  (c) 温度t[℃]はいくらか。

_____

まとめ

潜熱

潜熱とは，物質を状態変化させるのに必要な熱量である。

融解熱：1gの物質を融解させるのに必要な熱量

蒸発熱：1gの物質を蒸発させるのに必要な熱量

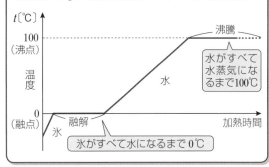

※以下の各問では，水の融解熱を3.3×10^2J/g，蒸発熱を2.3×10^3J/gとする。

3 潜熱　次の各問に答えよ。

例題

0℃の氷50gを，すべて0℃の水に変えるために必要な熱量は何Jか。

解 (熱量[J])＝(質量[g])×(潜熱[J/g])から，
$$Q = 50 \times (3.3 \times 10^2) = 1.65 \times 10^4 \qquad 1.7 \times 10^4 \text{J}$$

(1) 0℃の氷250gを，すべて0℃の水に変えるために必要な熱量は何Jか。

_____

(2) 100℃の水25gを，すべて100℃の水蒸気に変えるために必要な熱量は何Jか。

_____

(3) ある液体50gに，4.2×10^4Jの熱量を加えたところ，温度は変わらずにすべて蒸発した。この液体の蒸発熱は何J/gか。

_____

まとめ

熱力学の第1法則

気体に外部から加えられた熱量 Q〔J〕と，外部からされた仕事 W〔J〕の和は，気体の内部エネルギーの変化 ΔU〔J〕となる。

$$\Delta U = Q + W$$

熱効率

熱機関が高温の熱源から得た熱量に対する外部にする仕事の割合。

$$e = \frac{W'}{Q_1} = \frac{Q_1 - Q_2}{Q_1}$$

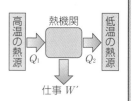

e…熱効率，　W'〔J〕…熱機関が外部にする仕事
Q_1〔J〕…高温の熱源から得る熱量
Q_2〔J〕…低温の熱源に捨てる熱量

---

1 熱力学の第1法則　次の各問に答えよ。

例題

気体に，16Jの熱量を加え，さらに外部から10Jの仕事をした。内部エネルギーは増加したか，減少したか。また，その内部エネルギーの変化は何Jか。

解 熱力学の第1法則から，
$\Delta U = Q + W = 16 + 10 = 26$J　　　**26J 増加した**

(1) 気体に 3.5×10^2 J の熱量を加えたところ，気体は膨張して，外部へ 2.0×10^2 J の仕事をした。気体の内部エネルギーは増加したか，減少したか。また，その内部エネルギーの変化は何Jか。

(2) 気体に外部から10Jの仕事をしたところ，内部エネルギーが18J増加した。気体は熱を吸収したか，放出したか。また，その熱量は何Jか。

(3) 気体に2.0Jの熱量を加えたところ，内部エネルギーは9.0Jだけ増加した。このとき，気体は仕事をしたか，されたか。また，その仕事は何Jか。

2 熱効率　次の各問に答えよ。

(1) ある熱機関に 3.0×10^2 J の熱量を与えると，外部へ60Jの仕事をした。熱機関の熱効率はいくらか。

(2) 熱効率が0.25の熱機関に，2.8×10^2 J の熱量を与えたとき，低温の熱源へ放出する熱量は何Jか。

(3) 熱効率が0.30の熱機関が，外部に 9.0×10^2 J の仕事をするために必要な熱量は何Jか。